BEI GRIN MACHT SICH IHR WISSEN BEZAHLT

- Wir veröffentlichen Ihre Hausarbeit, Bachelor- und Masterarbeit

- Ihr eigenes eBook und Buch - weltweit in allen wichtigen Shops

- Verdienen Sie an jedem Verkauf

Jetzt bei www.GRIN.com hochladen und kostenlos publizieren

Riccardo Klinger

Der sekundäre Sektor Nordamerikas: Die Entwicklung der Schlüsselindustrien im Bereich Automobil- und IT-Sektor

GRIN Verlag

Bibliografische Information der Deutschen Nationalbibliothek:

Die Deutsche Bibliothek verzeichnet diese Publikation in der Deutschen National-
bibliografie; detaillierte bibliografische Daten sind im Internet über http://dnb.d-
nb.de/ abrufbar.

Impressum:

Copyright © 2005 GRIN Verlag GmbH
Druck und Bindung: Books on Demand GmbH, Norderstedt Germany
ISBN: 978-3-638-67040-1

Dieses Buch bei GRIN:

http://www.grin.com/de/e-book/65122/der-sekundaere-sektor-nordamerikas-die-
entwicklung-der-schluesselindustrien

Riccardo Klinger

9. Semester
Unterrichtspraktikum:
05.09.2006- 30.09.2006

Der sekundäre Sektor Nordamerikas

Die Entwicklung der Schlüsselindustrien

Im Bereich Automobil- und IT- Sektor

Thematische Ausarbeitung im
Rahmen:

OS 24536
Landeskunde Nordamerikas
FU Berlin

1. Einleitung

1.1 Hinführung

Die USA sind mit einem Bruttoinlandsprodukt von knapp 12 Billionen US- Dollar (BRD: 2,4T $) die stärkste Volkwirtschaft der Welt. Von diesem Wert entfallen ca. 20% (BRD: 31%) auf den gesamten sekundären Sektor (CIA 2005). Dies begründet die Fragestellung, wie es zur Ausbildung dieses Bestandteils der amerikanischen Wirtschaft gekommen ist. Chronologisch sollen vor allem die beiden Schlüsselindustrien Automobilbau und Halbleiterindustrie näher betrachtet werden.

Beginnend in der Kolonialzeit wird der Automobilbau und der *Manufacturing Belt* als Raum im Fokus stehen, welcher sich in den 50er Jahren des 20. Jh. auch auf die Halbleiterindustrie und das *Silicon Valley* als entsprechende Region ausweiten wird. Die Standorte werden in ihrem wirtschaftlichen Wachsen skizziert und Entwicklungsbrüche sollen erkannt werden. Im Fazit werden gemeinsame Aspekte dieser Entwicklung in der *High- Tech* und Automobil-Industrie und Folgerungen aus dieser für die Zukunft versucht abzuleiten.

1.2 Definitionen

Die Industrie oder auch sekundärer Wirtschaftssektor wird unmissverständlich als Sektor beschrieben, in dem Erzeugnisse der wirtschaftlichen Tätigkeit des primären Sektors (Landwirtschaft) verarbeitet werden. (RAIFFEISEN o.A.). Mit

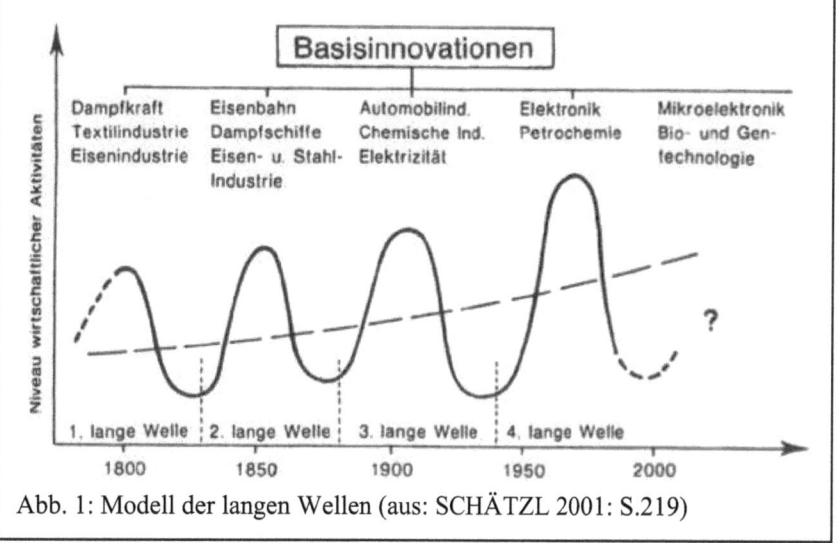

Abb. 1: Modell der langen Wellen (aus: SCHÄTZL 2001: S.219)

den wirtschaftlich wichtigsten Produkten im Bereich der Automobil- und

Halbleiterherstellung werden in dieser Arbeit zwei Schlüsselindustrien angesprochen. SCHÄTZL (2001) spricht diese als Basisinnovationen der 2. und 3. bzw. 4. und 5. langen Wellen im Konzept der Kondratieff- Zyklen- wie sie BATHELT, H. & J. GLÜCKLER (2002) erläutern- an (vgl. Abb.1).

2. Hauptteil

2.1. Die Anfänge im Osten

2.1.1 Besiedlungsentwicklung

Die Besiedlung der Vereinigten Staaten begann schon zu Beginn des 16. Jh. mit Zentren an der nördlichen Ostküste unter britischem und französischem Einfluss. Der südlich bis westliche Bereich Nordamerikas stand dagegen im Einflussbereich der Spanier. Als Gegenküste zu Europa kam es zu stärkerem Wachstum und Verdichtung entlang der Atlantikküste durch nachströmende Siedler europäischer Herkunft mit protestantischem Hintergrund (SCHNEIDER-SLIWA 2005: S. 85). Die weitere nach Westen gerichtete

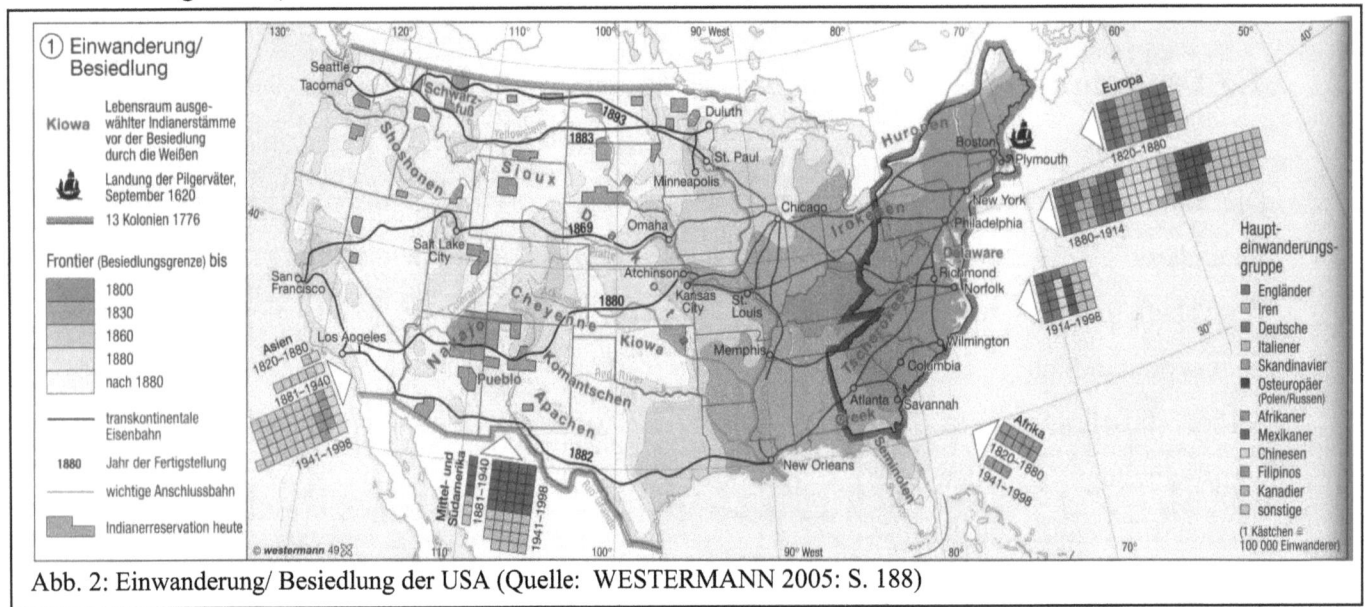

Abb. 2: Einwanderung/ Besiedlung der USA (Quelle: WESTERMANN 2005: S. 188)

Besiedlung Nordamerikas orientierte sich an topographischen Gegebenheiten und kann auch erst am Ende des 19. Jh. mit der breiten Schließung der Eisenbahntrassen als abgeschlossen gelten. Größere Siedlungen entstanden an der so genannten *Frontier*. Diese Grenze markierte die Ausdehnung der durch Britannien kontrollierten Kolonien, die ab 1776 zu den unabhängigen 13 Bundesstaaten der Vereinigten Staaten von Amerika wurden. Weitere wichtige Siedlungen entstanden an topographischen Hindernissen wie Gebirgen, Wasserfällen und Orten gestörten Verkehrs sowie an taktisch- ökonomischen Lokalitäten (Hafenstädte, Flusszusammenführungen, etc.). Die Unterscheidung nach genetischen Aspekten ist fließend (RIENECKER 2005, SCHÜTT 2005, vgl. Abbildung 2). Die Siedlungstätigkeiten im Westen beschränkten sich auf Missionen und Klöster (AMERIKA-LIVE 2005).

Mit zunehmenden technischen Fortschritt und Schließung der Eisenbahnlinien von der Ost- zur Westküste kam es zur vermehrten Ansiedlung entlang der Bahnstrecken. Die Bahngesellschaften bekamen das Land entlang der Schiene vom Staat "geschenkt" und verkauften es an Siedler weiter (RIENECKER 2005). Ergebnis waren die ersten großen Ansiedlungen im Mittleren Westen und an der Westküste im auslaufenden 19.Jh. Die Siedlungen an der Westküste wuchsen zudem ab dem beginnenden 20. Jh. durch Einwanderer aus Asien (vgl. Abbildung 2).

Der Siedlerstrom aus dem alten Europa brach nicht ab. In den Jahren 1820- 1915 war die Einwandererzahl tendenziell steigend. Bis in das Jahr 1915 kamen ca. 33 Millionen Einwanderer in das Land (vgl. Abbildung 3). Zu dieser Zeit betrug die Bevölkerungszahl ca. 90 Millionen Einwohner (GIBSON 1998).

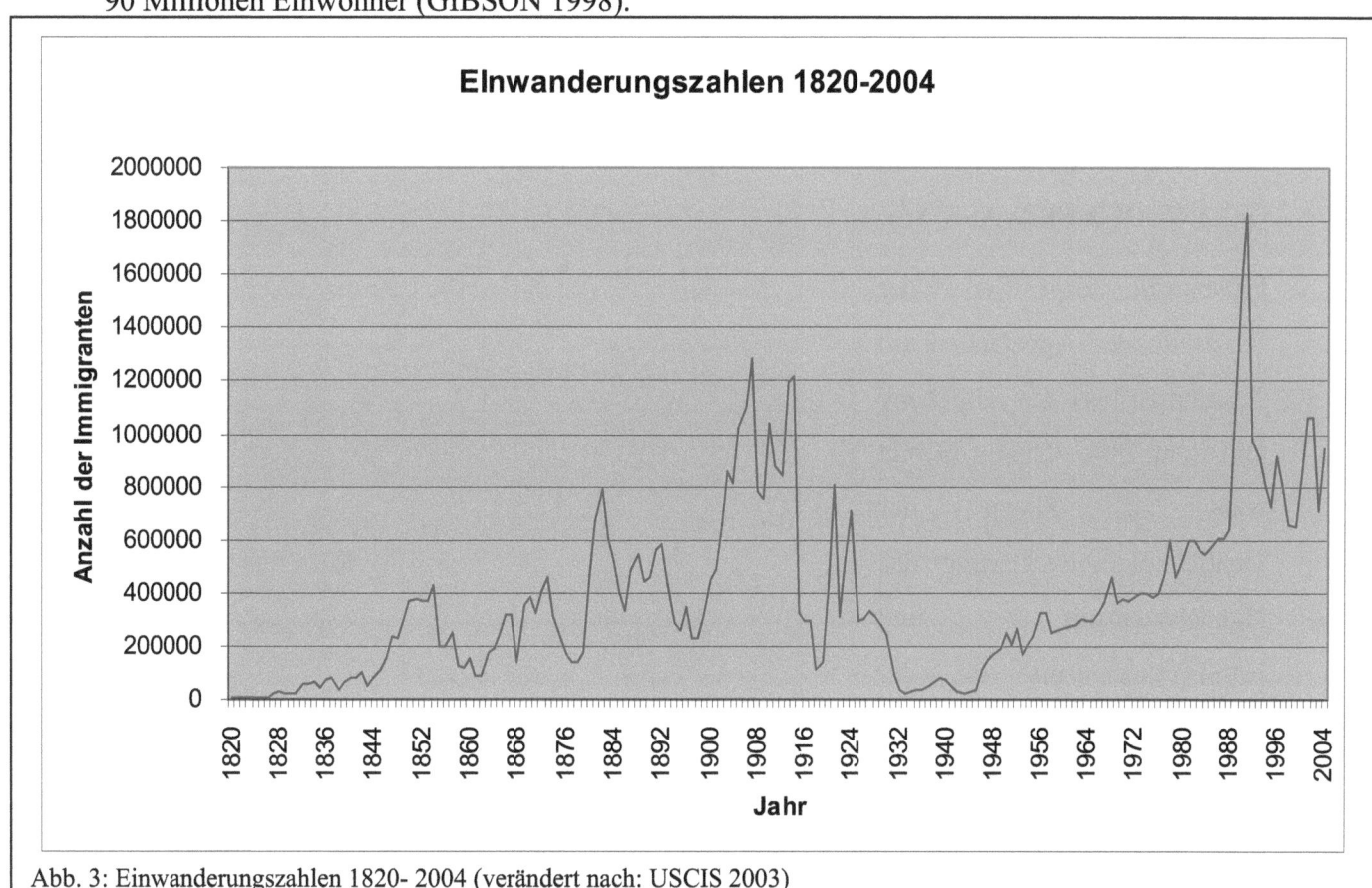

Abb. 3: Einwanderungszahlen 1820- 2004 (verändert nach: USCIS 2003)

2.1.2 Erste Bestrebungen in der Stahlindustrie

Mit zunehmender Bevölkerungsdichte und ansteigender Anzahl von qualifizierten Arbeitern v. A. aus Deutschland, Irland und England wurde die amerikanische Wirtschaft unabhängiger von der englischen Wirtschaft. Dies, ergänzt mit dem Handelsembargo gegen England und Frankreich 1807- 1816 und den Sezessionskriegen 1861- 1865, steigerte die Wirtschaft und die möglichen Absätze erheblich durch die steigende Nachfrage (SCHNEIDER-SLIWA 2005: S. 82). Aufgrund der Qualifizierung der Arbeiter etablierten sich an den Landungshäfen und an den oben genannten Standorten Zentren der Baumwollverarbeitung (welche in den weniger besiedelten und verdichteten Südstaaten angebaut), und in Folge der Entwicklung der Eisenverhüttung und der Dampfmaschine auch Maschinen - und Schiffbaubetriebe sowie Betriebe für landwirtschaftliche Geräte (ZIMMER 1997: S. 8; SCHNEIDER-SLIWA 2005: S. 86)

Jahr	Schienenlänge [m]
1830/40	3326
1850	30000
1865	35000
1916	200000

Tab. 1: Schienenlänge in Meilen 1830- 1916

Mit zunehmender Westsiedlung bestand starker Bedarf an Gütern der Metallerzeugung durch den voranschreitenden Gleisbau (vgl. Tabelle 1) sowie für Waffen. Erste Zentren dieser Metallindustrie siedelten sich rund um Pittsburgh an (SCHNEIDER-SLIWA: S. 86).

Pittsburgh liegt an der Westseite der Appalachen am Zusammenfluss des Allegheny und dem Ohio. Dieses Gebiet war zu Zeiten der Unabhängigkeitserklärung das Handelszentrum und Handwerkszentrum an der *Frontier* und verzeichnete demzufolge wirtschaftliches Wachstum, welches auch durch die topographische Lage zu

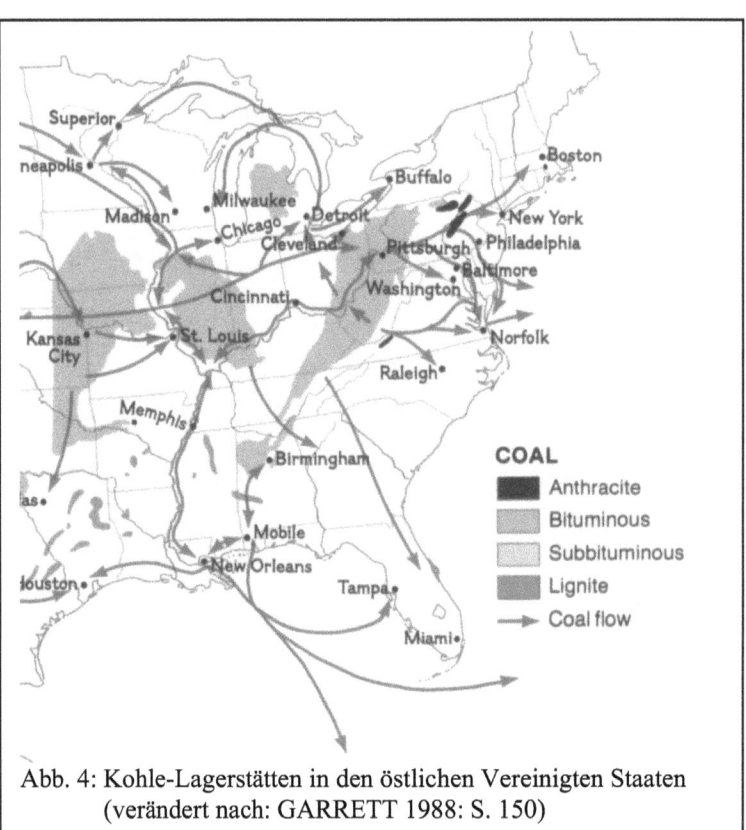

Abb. 4: Kohle-Lagerstätten in den östlichen Vereinigten Staaten (verändert nach: GARRETT 1988: S. 150)

erklären ist, da sich kleine verarbeitende Industrien an den Ufern der beiden Flüsse ansiedeln konnten (MULLER 1988: S. 19ff). Zudem verfügt die Region über hochwertige

Kohlelagerstätten (vgl. Abbildung 4). Die für die Eisenerzeugung notwendigen Eisenerze wurden von den Erzlagerstätten im Nordwesten der Großen Seen nach Pittsburgh verfrachtet. Zu dieser Zeit konnte allerdings nur geringwertiges- so genanntes *Pig- Iron* (Roheisen) erzeugt werden. Die Grundfeiler der Industrie in Pittsburgh waren in der Werkzeug- Herstellung zu sehen (MULLER 1988: S. 22f).

Abb. 6: Stahlverarbeitende Industrie im Nordosten der Vereinigten Staaten (GARRETT: 1988: S. 153)

Die ersten Erzminen wurden im Bereich der westlichen großen Seen um 1850 eröffnet (→ hell- orange` Signatur; GARRETT 1988: S. 151). Der Wasserweg über die großen Seen war ab 1855 durch die Kanalisierung der Wasserfälle Bei Sault Ste. Marie (Oberer See- Huron See) kostengünstig und komfortabel geworden, sodass die in diesem Gebiet geförderten Erze in Pittsburgh verhüttet werden konnten. Nach der Standorttheorie von Weber (vgl. Abb. 7) ist der Standort Pittsburgh ein Idealfall: Zum einen sind die Transportkosten des Eisenerzes gering da die Beförderung über Schifffahrtswege geschieht, es ergeben sich also vergleichsweise weit auseinander liegende Isodapanen (Linie gleicher Transportkosten). Zum anderen ist der notwendige Eintrag von Kohle in den Verhüttungsprozess so enorm, dass die Steinkohle nah beim Produktionsstandort sein sollte (→ dunkel-orange` Signatur). Der Dritte Faktor ist die Nähe zum Kunden. Durch die Siedlungsgeschichte bestimmt liegen die Abnehmer der Stahlerzeugnisse in den Siedlungsschwerpunkten und Handelszentren, also im

Nordosten der Vereinigten Staaten und somit in der Nähe von Pittsburgh (vgl. Abb. 6; Kreise entsprechen Standorten der Stahlverhüttung). Die Eisenverhüttung in und um Chicago ist mit dem Wachstum der Stadt in Folge der Funktion als Umschlagplatz für Fleischprodukte und der im Verlauf der Geschichte zunehmenden Automobilindustrie in dieser Region zu erklären (SCHNEIDER-SLIWA 2005: S. 84).

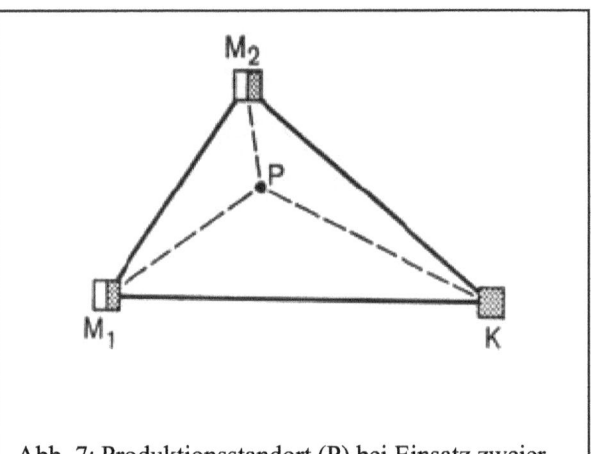

Abb. 7: Produktionsstandort (P) bei Einsatz zweier Gewichtsverlustmaterialien (M_1 und M_2) und Verhältnis zum Käufer (K) (verändert nach SCHÄTZL 2001: S. 37-43)

Der gesamte wirtschaftliche Wachstum im Nordosten der Staaten ist nach SCHNEIDER- SLIWA (2005: S. 85) auch durch die Arbeitsmentalität der sich ansiedelnden Protestanten positiv beeinflusst wurden, die genügend Risikobereit waren, Kapital in wirtschaftliches Wachstum zu investieren. Diese Leistungsbereitschaft und die Nachfrage nach Arbeitern hatte zur Folge, dass ähnliche Bestrebungen wie in England in dieser Zeit, Gewerkschaften zu bilden, relativ gering war (SCHNEIDER-SLIWA 2005: S. 84f).

Das initiierte Wachstum sollte sich 1855 mit der Erfindung der Bessemer- Stahlverhüttung noch steigern, bei der besserer Stahl bei gleichem Kohleeinsatz erzeugt werden konnte, indem die Schmelze mit Sauerstoff angereichert wurde und somit die Brenntemperatur gesteigert wurde (FÖLL 2005).

2.1.3 Der Automobilbau

2.1.3.1 Die Anfänge

Die Stahlindustrie hatte diverse Abnehmer. So wurden Gleise, Lokomotiven, Motoren, Waffen, Kutschen, Werkzeuge und andere aus Metall bestehende Güter in dieser Region hergestellt (MULLER 1988: S. 21). Eine nähere Betrachtung soll im Weiteren auf dem Automobilbau gelegt werden. Dieser entwickelte sich direkt aus den Betrieben und Manufakturen, welche Kutschen oder Fahrräder herstellten. Solche Betriebe waren vornehmlich südlich der großen Seen lokalisiert- namentlich in Illinois, Ohio, Pennsylvania und New York- welche sich im historischen Verlauf als das Kernland der Automobilentwicklung heraus stellten sollte. Seit der Erfindung der Dampfmaschine gab es Bestrebungen Kutschen auf Dampfantrieb umzustellen. Die richtige Entwicklung sollte allerdings erst mit dem ersten Otto- Motor (1876) und der folgenden Automobilentwicklung stattfinden (MESCHENMOSER 2003).

Schon im Jahr 1895 gab es auf dem amerikanischen Festland die ersten Automobil-

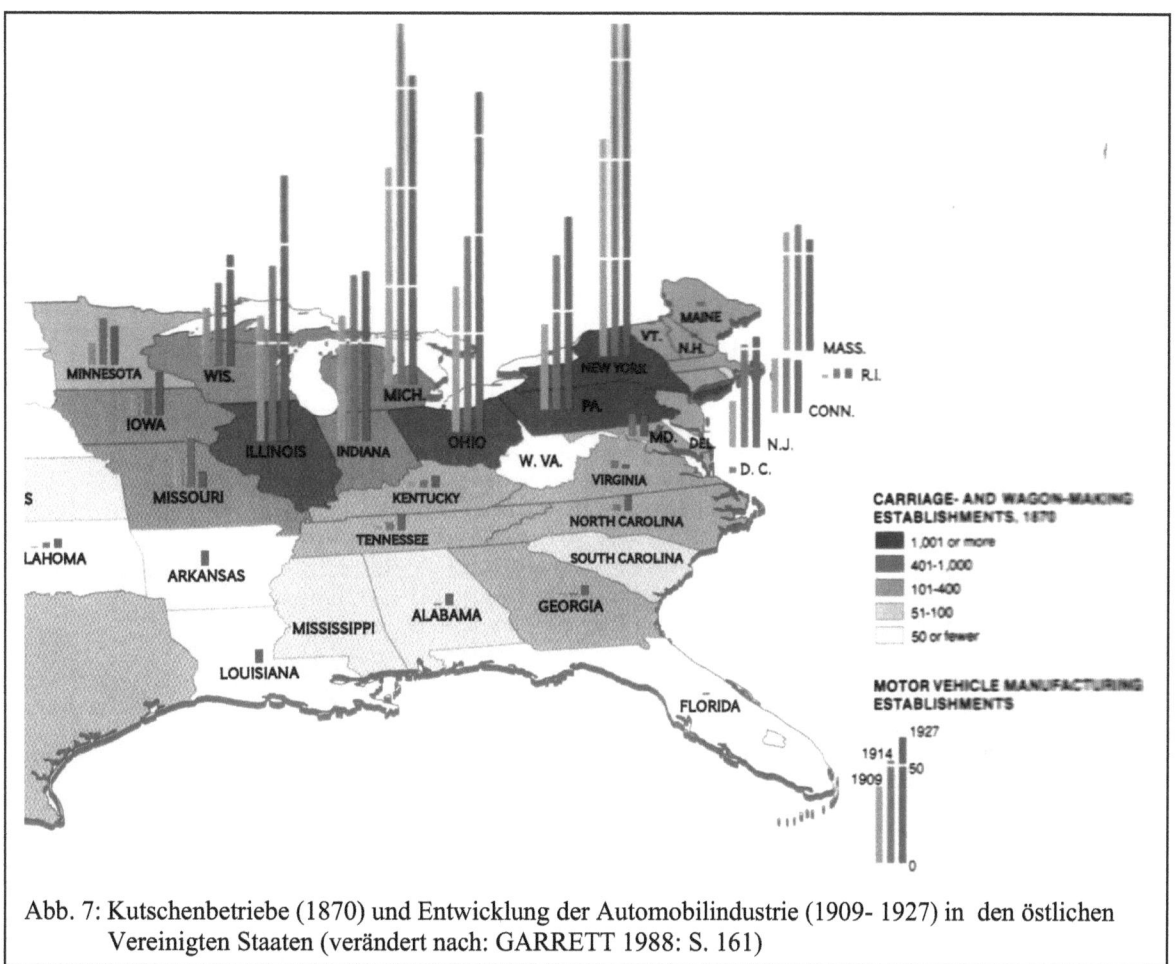

Abb. 7: Kutschenbetriebe (1870) und Entwicklung der Automobilindustrie (1909- 1927) in den östlichen Vereinigten Staaten (verändert nach: GARRETT 1988: S. 161)

Prototypen. Diese wurden von unterschiedlichsten kleinen Firmen hergestellt in Kleinserien hergestellt. Aufgrund der fehlenden Standardisierung, welche zum Beispiel der Uhrenindustrie (1815) und den Nähmaschinenbetrieben (1846) im Zuge der Dezentralisierung gelang (SCHNEIDER-SLIWA 2005: S. 85), waren die Automobile dieser Zeit sehr teuer im Verkauf.

Die Hauptstandorte etablierten sich in Detroit, Pontiac und Flint. Diese Orte besaßen den nötigen Absatzmarkt um die Automobile zu verkaufen, waren über Bahnverbindungen und über die Lage an den großen Seen in die Infrastruktur eingebettet und konnten auf eine Anzahl von gelernten Arbeitern zurückgreifen (vgl. Abb. 7). Die Produktion von Autos sollten allerdings durch eine Innovation nachhaltig beeinflusst werden.

2.1.3.2 Große Innovationen

Im Jahr 1913 ersann der Automobilunternehmer Henry Ford die Fließbandproduktion, in den Chicagoer Schlachthöfen bereits erfolgreich umgesetzt, auch in der Produktion des Modells "T" (*Thin Lizzy*) einzusetzen. Theoretisch wurden Kostenvorteile durch die so genannte *economie of scale* also durch Steigerung der Fertigungsraten erzielt (BAUER 2005). Die Produktion wurde extrem standardisiert und nur eine geringe Produktvielfalt angeboten. Des weiteren wurde die Arbeitsteiligkeit maximiert und die Lagerhaltung von notwendigen Teilen und Baugruppen erheblich gesteigert. Durch diese Standardisierung war es ihm aber auch möglich, die Qualität in Zweigbetrieben zu gewährleisten sodass er sie überhaupt eröffnen konnte. Die ersten Zweigwerke wurden im Westen und Südwesten eröffnet und führten zunehmend auch zu einer Industrialisierung in diesen nicht allzu verdichteten Regionen (PRANTER 2002; FORD o. A.; vgl. Anhang 1)

Gleichzeitig kam es durch die neuen Fertigungsmethoden zu einer Abwertung der Arbeitskraft. Der *skilled- worker* wurde zum *semi- skilled- worker* degradiert, dieser erhält dementsprechend ein geringeres Entgelt. Direkte Folge einer solchen Entwicklung ist das

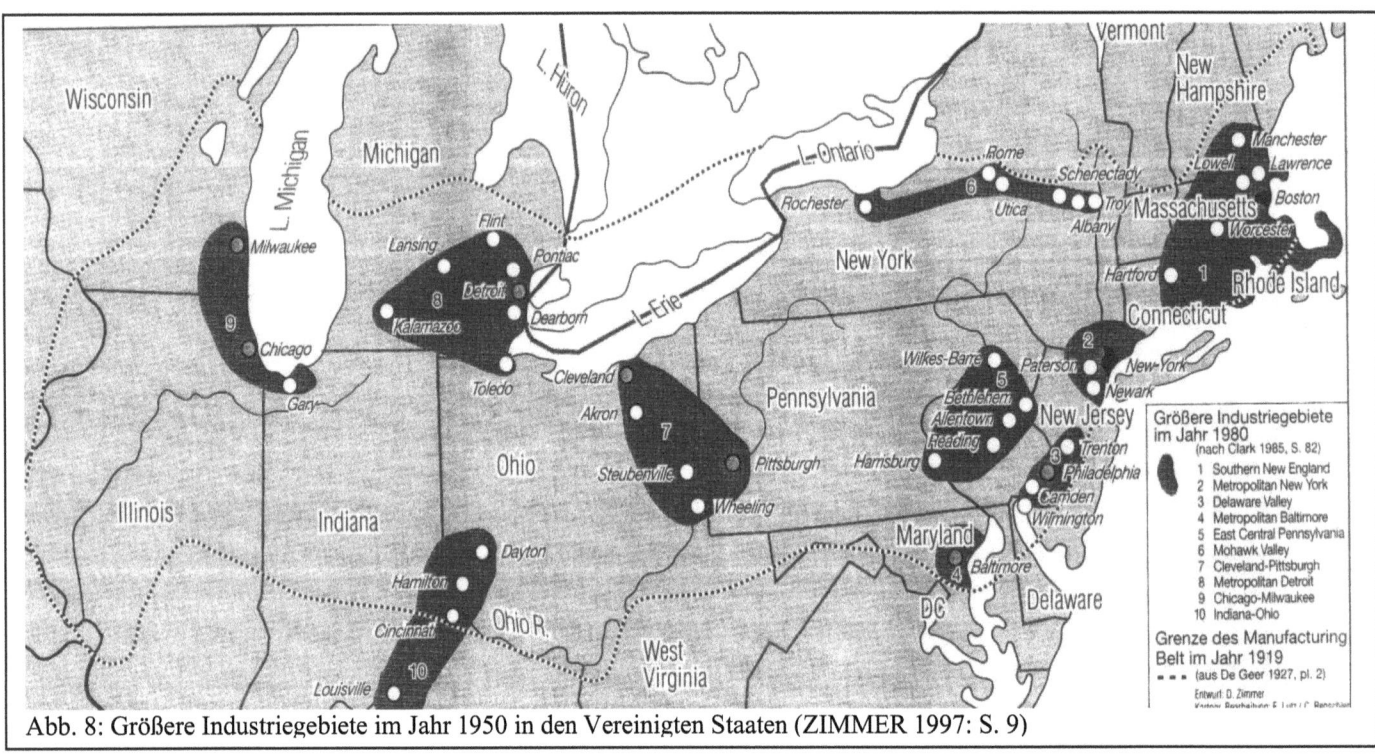

Abb. 8: Größere Industriegebiete im Jahr 1950 in den Vereinigten Staaten (ZIMMER 1997: S. 9)

Erstarken von Gewerkschaften die im Dachverband der AFL (*American Federation of Labor*) zusammengefasst werden und dem damit wieder ansteigenden Arbeitskosten für die Unternehmer (ZIMMER 1997: S. 11).

Generell entwickelt sich der Nordosten der USA dennoch zu einem hochgradig industrialisierten Gebiet (vgl. Anhang), welches von DE GEER 1927 mit dem Begriff *Manufacturing Belt* verdeutlicht wurde. Dieser zieht sich von St. Louis, MO im Westen bis Boston, MA im Osten und vom Ohio im Süden bis zu den großen Seen im Norden (vgl. Abb.8). Er zeichnet sich durch einen sehr großen Anteil von Arbeitsplätzen im sekundären Sektor aus. Die Arbeiter der Industrie werden zur Unterscheidung als *Blue-Collar-Worker* gegenüber den *White- Collar- Worker* bezeichnet. Der Vergleich zielt auf die Arbeitskleidung des Blaumanns gegen über den weißen Hemden der Büroangestellten ab.

Die Absätze der Automobilindustrie stiegen in den darauf folgenden Jahren an (vgl. Abb. 9). Nach einem Einbruch der Produktion im zweiten Weltkrieg, bei dem die Mehrzahl der Produktionsanlagen zur Herstellung von Kriegsgerät benutzt wurden, gelang die Umstellung auf reguläre Güterproduktion ohne größere Probleme, sodass der Nachfrage der 50er Jahre auch nachgekommen werden konnte (vgl. ZIMMER 1997: S. 10). Diese Nachfrage wurde aber durch immer weniger Konzerne gedeckt. Es kam zur Herausbildung der *Big Three*, den Firmen *Ford*, *General Motors* und *Chrysler*, die den amerikanischen Markt beherrschten und unter

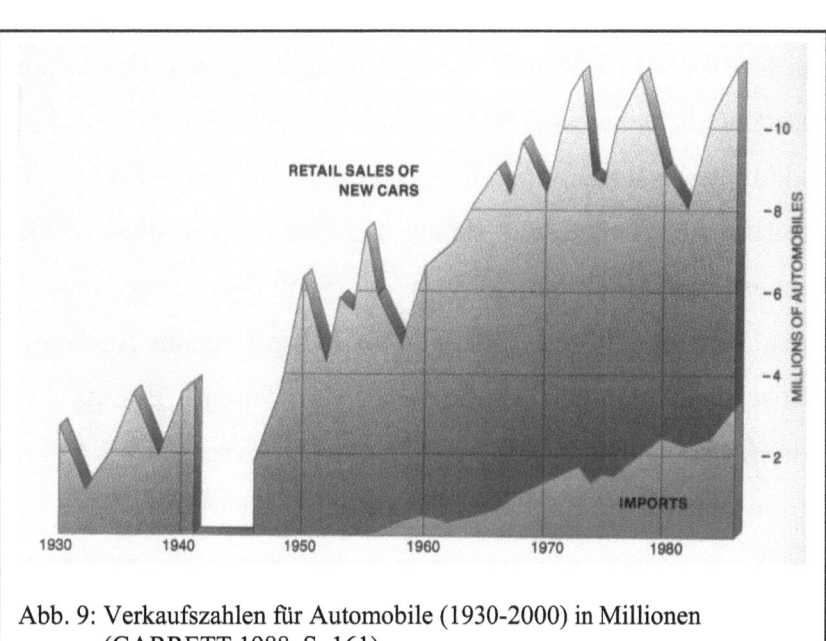

Abb. 9: Verkaufszahlen für Automobile (1930-2000) in Millionen (GARRETT 1988: S. 161)

deren Führung verschiedenste alte Marken wie *Buick* oder *Olds Mobile* vertrieben wurden (vgl. KLEPPER 2001).

2.1.3.3 Neue Herausforderungen

Zwar profitierte das ganze Land von den steigenden Verkaufszahlen in der Automobilindustrie, dennoch ergaben sich daraus auch Abhängigkeiten. Im Zuge dessen auch zu einer Aufwertung des bis dahin sehr auf Landwirtschaft bedachten Südens, dem ermöglicht wurde, seine petrochemischen Erzeugnisse abzusetzen (MANN 1987 : S. 23f).

Spätestens in den 70er Jahren kam es allerdings zu schwerwiegenden Problemen in der Automobilindustrie die durch die Ölkrise und die durch die zunehmende Automatisierung und Internationalisierung der Herstellungsprozesse erwachsende Arbeitslosigkeit begründet ist (ZIMMER 1997: S. 10f).

Die Öffentlichkeit interessierte sich in Folge der Ölkrise auch für kleinere Autos, die von den angestandenen Produzenten nicht hergestellt wurden. Der asiatische Markt sah hierin seine Absatzmöglichkeiten die es zu erschließen gab. Beeinträchtigt durch Einfuhrzölle kam es im strukturgeschwächten *Manufacturing Belt* zur *Joint-Venture* Bildung der *Big Three* mit asiatischen Herstellern wie Honda und Nissan. Vor allem in diesem Raum wirkten die neu geschaffenen Arbeitsplätze, nach der Schließung von alten Stammwerken im Zuge der Globalisierung und Verlagerung von Arbeitsplätzen ins Ausland, auf moralischer Ebene. Die asiatischen Hersteller profitierten von ihrem Einsatz in Gegenden mit großen Gewerkschaftseinfluss und erzielten eine Steigerung der Käufergunst entgegen dem starken Patriotismus (SCHNEIDER-SLIWA 2005: S. 199ff).

Es kam zu weiteren *Joint-Ventures* in denen auch das Management von Betrieben gegen ein asiatisches ersetzt wurde, sodass auch die Installation neuer neue Betriebsstrukturen möglich war. Das Firmenpatriarchat machte dem Team platz (POPP 1991: S. 10f; KÜMMERLE 1990: S. 4).

Durch die Effekte der Globalisierung, vor allem der Senkung der Transportkosten von Gütern (vgl. Abb. 16) kam es ebenfalls zu Veränderungen in der Produktionsart. Die *economies of scale* wurde durch eine *economies of scope* abgelöst. Kostenvorteile werden hier durch eine größtmögliche Flexibilität erbracht (BAUER 2005). Die Lagerhaltung ist minimal und auf Ereignisse und Kundenwünsche in der *just-in-time-* und *lean-Production* (schlank= Auslagerung von Betriebsbestandteilen zur Spezialisierung) kann schnellstmöglich reagiert werden (POPP 1991: S. 11). Der Absatz in der Automobilindustrie stieg weiterhin, dennoch wurde der Anteil der Importe und ausländischen Fahrzeuge auch immer größer (vgl. Abb. 9).

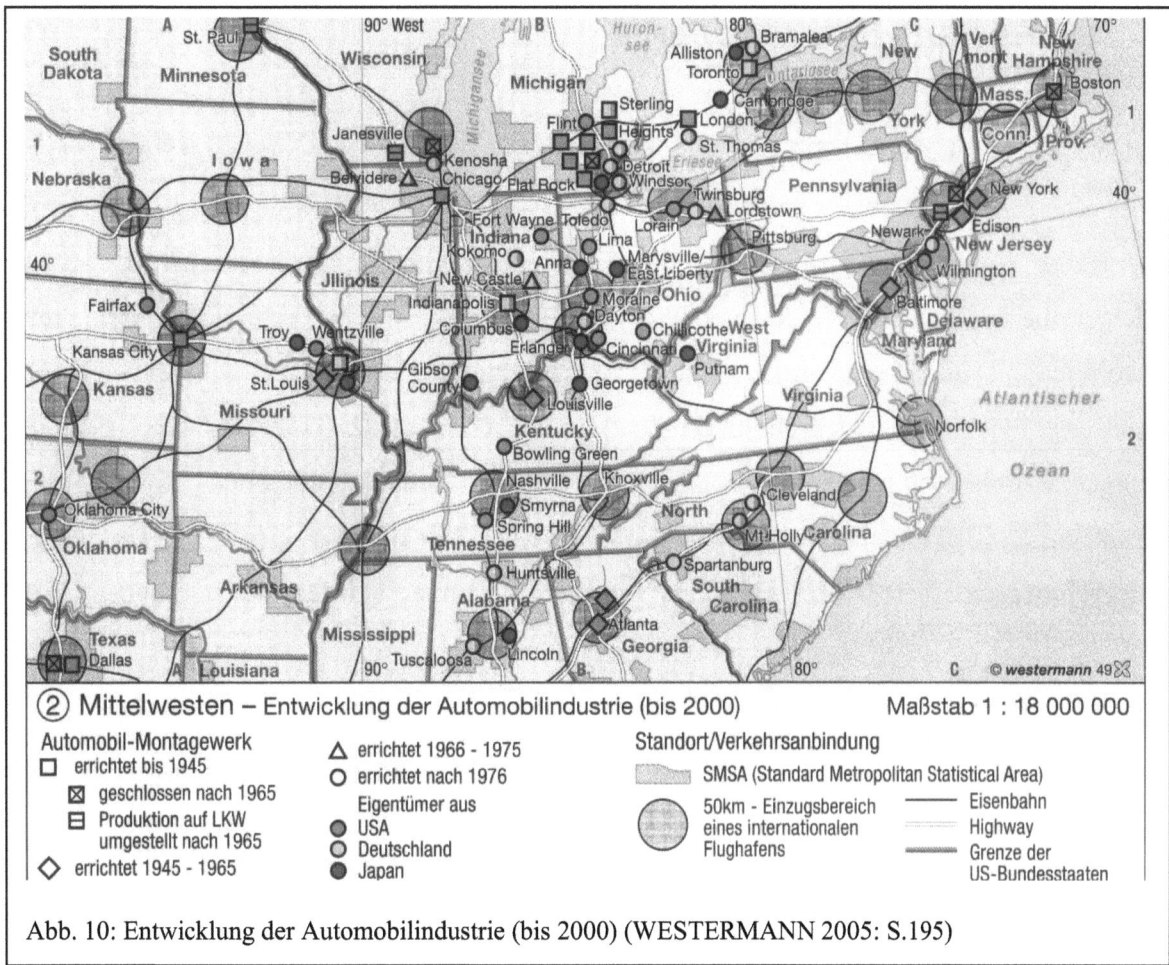

Abb. 10: Entwicklung der Automobilindustrie (bis 2000) (WESTERMANN 2005: S.195)

Im weiteren Lauf der industriellen Entwicklung im *Manufacturing Belt* wurde allerdings auch deutlich, das selbst die *Joint-Ventures* noch Kostenvorteile durch die Verlagerung in den Süden wahrnehmen mussten, da hier noch mit geringeren Löhnen produziert werden konnte, denn die Gewerkschaften hatten hier traditionell weniger Einfluss (vgl. Abb. 10; KRUMME 1991: S. 23f; SCHNEIDER-SLIWA 2005: S. 199ff).

Dieser langsame Strukturwandel drückt sich auch in den weiteren Bezeichnungen für den *Manufacturing Belt* aus: *Frost Belt* (vs. *Sun Belt* des Südens) und *Rust Belt* (vgl. COOKE 1995) machen deutlich das der ehemals blühende Industrieraum mit Problemen zu kämpfen hat. Chancen des *Manufacturing Belts* werden in der Software- und Rüstungsindustrie gesehen (ZIMMER 1991: S.22).

2.2 Der Westen - Silicon Valley

In den 50er Jahren entwickelte sich im bis dahin landwirtschaftlich geprägten Kalifornien ein neues Zentrum der Halbleiterindustrie, das *Silicon Valley* (POPP 1987 A: S. 23). Aufgrund finanzieller Engpässe entschied sich die Stanford University in diesen Jahren, größere Flächen, die im Eigentum der Universität waren, kostengünstig an Technologieunternehmen zu vermieten. Dadurch wurde es ermöglicht neuen Technologien und den vertretenden Firmen preiswerte Flächen in Hochschulnähe zur Verfügung zu stellen, die auch von finanziell weniger potenten Personen erworben werden konnten. Eventuell fehlendes Kapital wurde oftmals durch Risikokapital ausgeglichen. Im Laufe der Zeit siedelten sich ca. 150 *High-Tech* Unternehmen wie Xerox, HP, oder auch Apple dort an bzw. wurden hier gegründet (POPP 1987 A: S. 23).

Dieser Industriezweig ist entgegen der Automobilindustrie primär von anderen Gütern als den Rohstoffen abhängig. Während die Automobilindustrie in ihren Anfangstagen vor allem rohstoffintensiv war, ist die *High-Tech* Industrie im Halbleiter-Sektor vor allem Kapitalintensiv. Die Entwicklung in dieser Industrie ist extrem schnell und lässt sich in nach der Produktzyklustheorie in drei Phasen teilen. Die Innovationsphase ist am kapitalintensivsten, da neue Produkte entwickelt und nur sehr kleine Serien gebaut werden. Die Verkaufszahlen sind sehr gering, dabei die Stückpreise hoch. Darauf folgt die Reifephase, in welcher die Stückpreise gesenkt werden, da durch die weiter möglich werdende Automatisierung und Routine die Produktion gesteigert werden kann. Gleichfalls steigt auch die Nachfrage nach dem Produkt. Als letzte Phase wird die Phase der Standardisierung und des Verfalls genannt. Hierbei sinkt der Wert des Produkts immer mehr und auch die Nachfrage nach dem Produkt

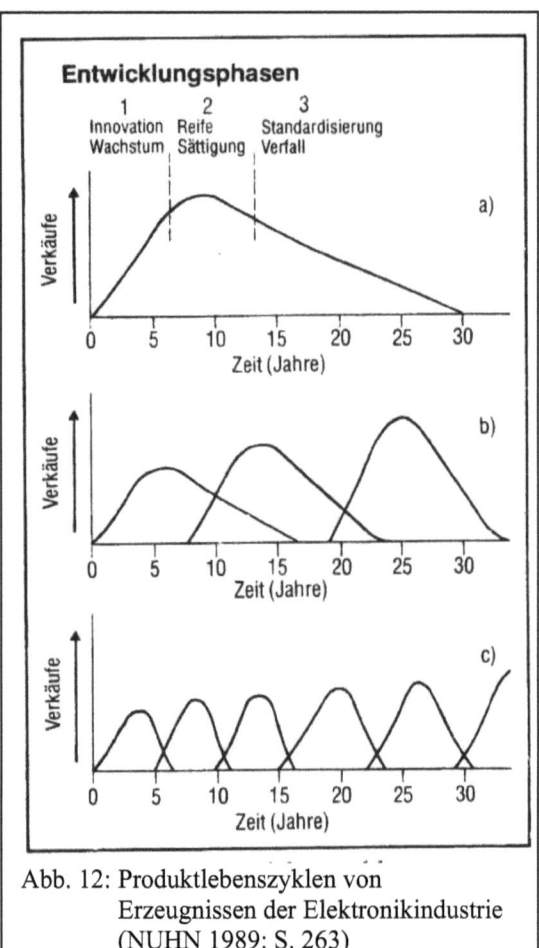

Abb. 12: Produktlebenszyklen von Erzeugnissen der Elektronikindustrie (NUHN 1989: S. 263)

nimmt beständig ab (POPP 1987 B: S. 2f). In diesem Zyklus und dem Fakt das die Abfolge von High-Tech- Produkt- Generationen immer schneller geschieht (ältere High-tech- Produkte

(a) und neueste *High- Tech* Produkte (c)) lag und liegt auch die größte Herausforderung in der Produktion. Nur mit beständig neuen Innovationen ist es möglich erfolgreich zu sein (vgl. Abb. 12 & 13; POPP 1987 B: S. 2f).

In den frühen 50er und auch in den 60er des 20. Jahrhunderts wurden neue Firmen oftmals aus alten Firmen herausgegründet,

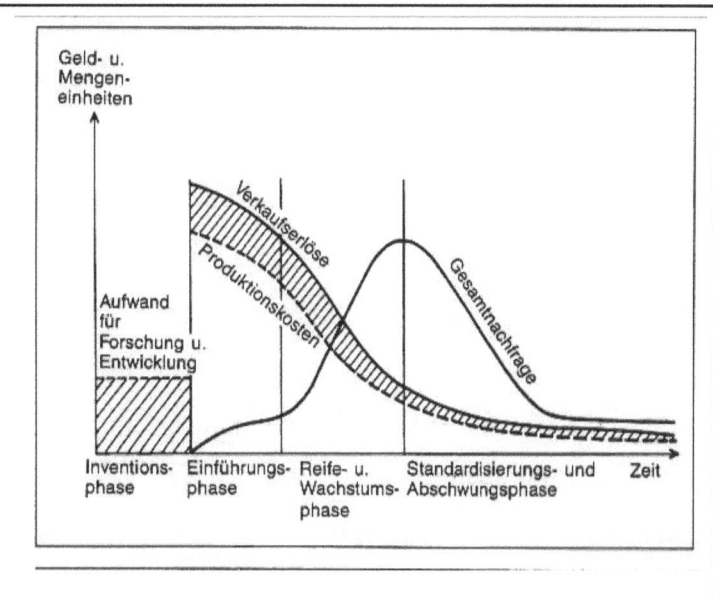

Abb. 11: Der Ablauf eines Chip-Produkt-Lebenszyklus (POPP 1987 B: S. 2)

indem ein Beschäftigter vielleicht eine Idee hatte und diese auf eigenes Risiko aber auch mit der Chance auf Reichtum allein verwirklichen wollte. Dieser Vorgang wird als ein *Spin-Off* bezeichnet und wurde schon zu den Anfangszeiten der Automobilindustrie angewendet (KLEPPER 2001). Aus der Firma *Fairchild Semiconductors* (selbst ein *Spin-Off* Unternehmen *Shockley Semiconductors`*, der Firma, die den Halbleiter entwickelte) gründeten

sich zum Beispiel bis 1979 ca. 50 Firmen aus. Darunter auch das spätere Unternehmen INTEL. Der kalte Krieg mit seinen Ausgaben für militärrelevante Produkte sicherte die Auftragslage seitens der staatlichen Organisationen wie Heer und CIA und die Möglichkeit mit einer Firma Gewinn zu machen, sorgte auch für die Nachfrage von Risikokapitalgebern (NUHN 1989: S. 260f).

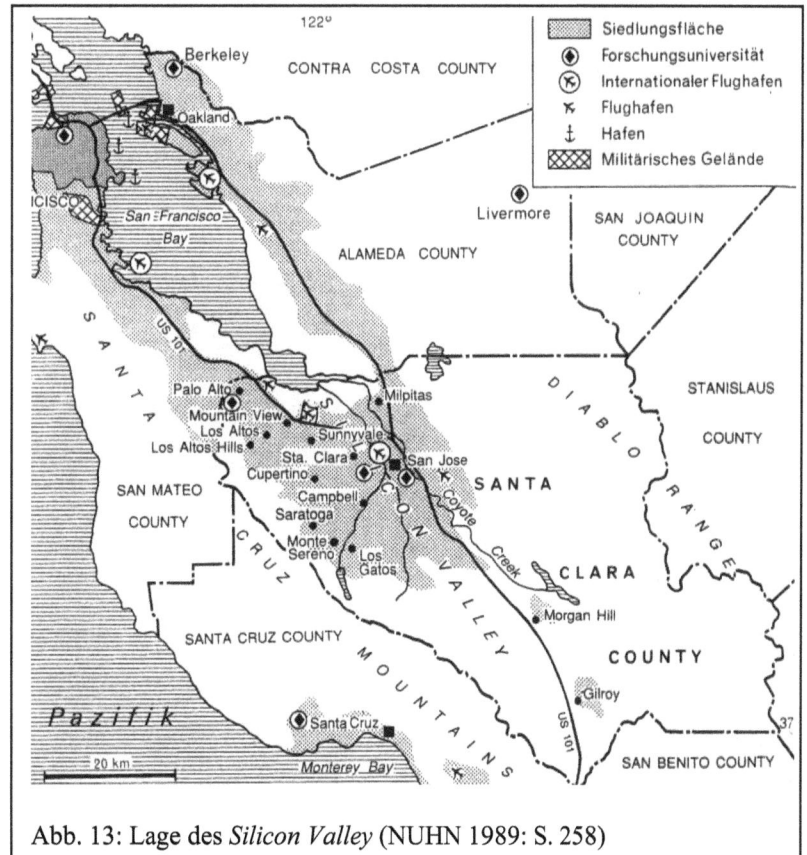

Abb. 13: Lage des *Silicon Valley* (NUHN 1989: S. 258)

Die Gesamtheit der dort ansässigen Firmen wurden in den 70er Jahren unter dem Begriff des *Silicon Valley`* zusammengefasst. Geographisch erstreckt sich dieses über das Santa Clara Valley südlich der Bucht von San Francisco und wird von den Orten Palo Alto im Norden und Gilroy im Süden begrenzt (vgl. Abb. 13).

Begründet auf der schnellen Abfolge der Produktentwicklungen gelang es auch anderen Firmen ähnliche Produkte auf den Markt zu bringen. Vor allem die erstarkenden Entwicklungsländer des asiatischen Raums wie Taiwan, Japan und Hong Kong kamen mit ähnlichen Entwicklungen auf den Markt. Der Preis für Halbleiter fiel dementsprechend mit der steigenden Konkurrenz. Mit zunehmender Entwicklungstiefe verringerte sich auch die Entwicklungszeit der Produkte. Direkte Folgen waren der steigende Konkurrenzkampf zwischen asiatischen und amerikanischen Firmen, der sich auch in der wachsenden Differenz zwischen den Produktionszahlen für Halbleiter auf dem US-Markt und der Weltgesamtproduktion niederschlägt (vgl. Abb. 14; POPP 1989: S. 262f).

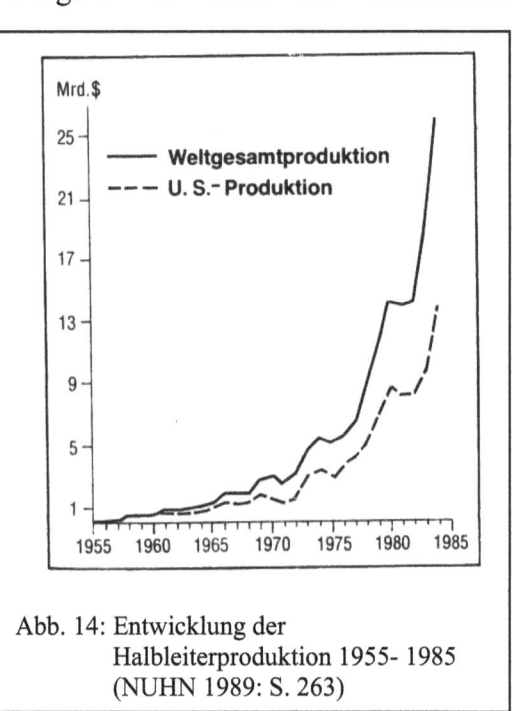

Abb. 14: Entwicklung der Halbleiterproduktion 1955- 1985 (NUHN 1989: S. 263)

2.3 Auswirkungen der Globalisierung

Mit sinkenden Transportkosten stiegen die Möglichkeiten der Verlagerung von Produktionsstätten. In Verbindung mit erheblichen Lohnkostenunterschieden zwischen den Vereinigten Staaten und z. Bsp. asiatischen Tigerstaaten fielen die Beschäftigtenzahlen im sekundären Sektor (NUHN 1989: S. 262). Dies wurde auch durch die steigende Automatisierung im Produktionsablauf verstärkt. Mit der Verschiebung von Arbeitsplätzen aus dem sekundären Sektor zum tertiären Sektor hin im Zuge der Tertiärisierung der Wirtschaft (vgl. Abb. 15), gab es auch Verschiebungen in den Produktionsarten. Während die typische fordistische Produktion auf Lagerhaltung und Massenfertigung aus war, bahnte sich wie im Kapitel 2.1.3.3 angesprochen die postfordistische Arbeitsweise an. Darin inbegriffen ist das neue Konzept der Systemlieferanten. Es wird bei komplexen Produkten wie Autos oder

Rechenanlagen komplette Systeme wie die Karosserie oder Getriebe und Hauptplatinen oder Chip-Sätze geliefert und in das Endprodukt integriert. Die größte

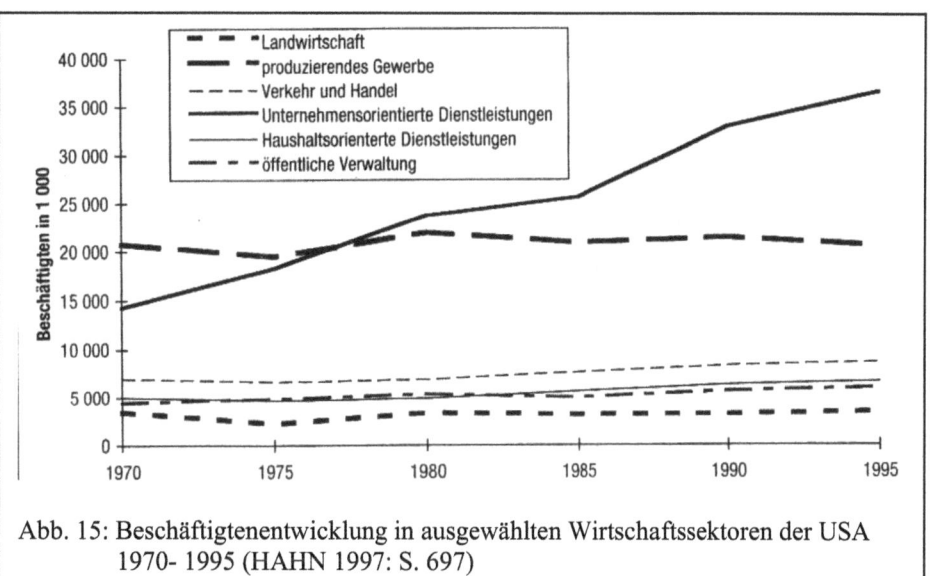

Abb. 15: Beschäftigtenentwicklung in ausgewählten Wirtschaftssektoren der USA 1970- 1995 (HAHN 1997: S. 697)

Wertschätzung geschieht in der Endzusammensetzung des Produktes. Die alten Standorttheorien werden auf diese Weise auf die Probe gestellt, da auch das fertige Produkt aufgrund der geringen Transportkosten immer weitere Wege zurücklegen kann um zum Kunden zu kommen. Es wird hier auf den Aufsatz von STERNBERG (1997) und HAHN (1997) verwiesen.

Der Faktor Bildung, der vor allem bei der Herausbildung des Standortes Silikon Valley entscheidend war, ist und bleibt weniger transportabel. Denn die Standorte der Universitäten sind fest und nur die Studenten und Professoren mehr oder minder flexibel. Die Auswirkungen des Internets und dem Wissensaustausch auf dieser Basis dürfte die wachsende Standortunabhängigkeit weiter stärken.

2.4 Gegenbestrebung NAFTA

Um zusätzlich mögliche Absatzmärkte von amerikanischen Produkten zu schaffen, wurde die NAFTA 1994 gegründet. Dieses Nordamerikanische Freihandelsabkommen (*North American Free Trade Agreement*) mit den Mitgliedsstaaten Kanada, Mexiko und den Vereinigten Staaten, hatte die Bestrebungen, Zollbeschränkungen zwischen diesen Ländern abzubauen und somit stärkeren Handel zu gewährleisten. Dieses Abkommen stellt eine Ausdehnung des ehemaligen Freihandelsabkommen zwischen Kanada und den Vereinigten Staaten aus dem Jahr 1989 dar. Ein weiterer Hauptaspekt der Gründung und Ausdehnung dieser Freihandelszone ist in dem erstarken der Europäischen Union zu sehen, die zu einem wirtschaftlich großen Konkurrenten wurde (DIEZ 1997: S. 688f).

Zwar profitierten einzelne Betriebe und Industriezweige von dieser Freihandelszone allerdings sind diese Vorteile nicht unreflektiert zu betrachten. So verlegten viele Betriebe ihre Fabrikationsstätten zum Beispiel nach Mexiko, da die Personalkosten hier geringer waren und sind. Es kam somit zu einer Stärkung des mexikanischen Nordens an der Grenze zu den vereinigten Staaten und eine wirtschaftliche Schwächung des Südens in den an Mexiko grenzenden amerikanischen Bundesstaaten (DIEZ 1997: S. 691ff).

Auf den Handel zwischen Kanada und den Vereinigten Staaten hat sich die Gründung der NAFTA nicht sehr stark ausgewirkt, da es zum Einem schon vorher sehr enge Beziehungen wirtschaftlicher Natur gab und zum anderen Kanada mit den Vereinigten Staaten vor allem Rohstoffe wie zum Beispiel Eisenerz handelt, dessen Transportkosten hoch sind und somit ein naher Abnehmer gefunden werden sollte. Die Gegenden des Erzabbaus liegen im Osten Kanadas und somit dicht an den Verbrauchern, der Stahlindustrie im Nordosten der Vereinigten Staaten (DIEZ 1997: S. 694; CIA 2005; REA 2003).

3. Fazit

Die grundlegenden Ähnlichkeiten in der Entwicklung der beiden Industriezweige des Automobil- und Halbleiter-Sektors sind in drei Generationen zusammenzufassen. Die erste Generation entspricht einer Entwicklung eines neuen Produkts, die von der weiteren Fertigung und Steigerung der Qualität bei gleichzeitiger Senkung der Kosten, sowie der Ausdehnung der Kundschaft abgelöst wird. Das Produkt; anfänglich noch Nische und *High-Tech* für die entsprechende Zeit; wird zur Massenware. In der Dritten Phase wird das Produkt

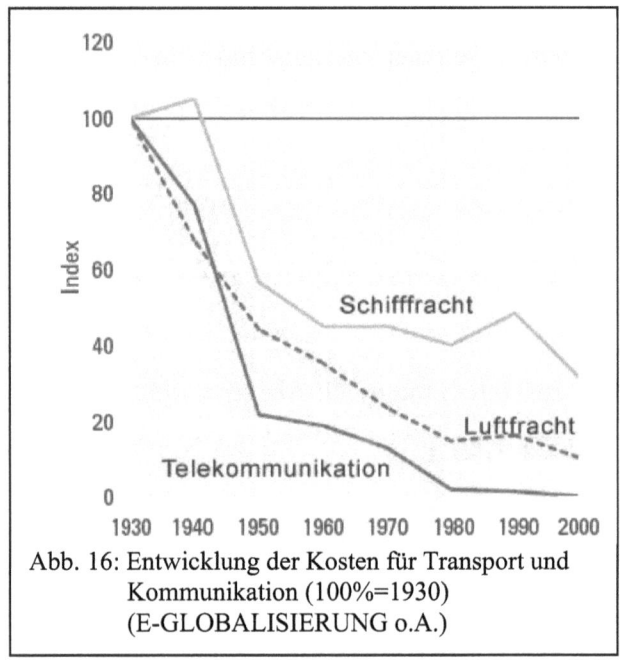

Abb. 16: Entwicklung der Kosten für Transport und Kommunikation (100%=1930) (E-GLOBALISIERUNG o.A.)

international hergestellt. Arbeitsteilig oder von komplett anderen Firmen, die in Folge der Globalisierung von ebenso geringer werdenden Transportkosten profitieren (vgl. Abb. 16). Die Märkte werden internationalisiert und die Firmen lösen sich vom Staat los. Die *Big Three* haben Co-Produktionen mit asiatischen Fahrzeugherstellern und produzieren selbst weltweit in Großkonzernen wie Daimler-Chrysler und Ford (KRUMME 1991: S. 26), im Halbleitermarkt werden Zweigfirmen in andern Ländern gegründet, die den dortigen Märkten unterliegen aber direkt mit dem Muttergeschäft interagieren (TI o. A.).

Die Chance zur Aufrechterhaltung einer allumfassenden positiven wirtschaftlichen Entwicklung für ein Land mit solch einem ökonomischen Entwicklungsstand und sozialen Standards kann nur in der Bildung und den darauf erfolgenden neuen Innovationen zu sehen sein. Bildung erzeugt Wissensvorsprünge, die früher als bei Konkurrenten die Produktion verbilligen und wirtschaftliches Wachstum zu erzeugen im Stande sind. Bildung ist der Schlüssel heißt es nicht nur in Reden neuer Regierungen.

4. Anhang:

Entwicklung der sekundärwirtschaftlichen Arbeitsplätze

(1820- 1987) (Legende siehe 1880 (S. 21)

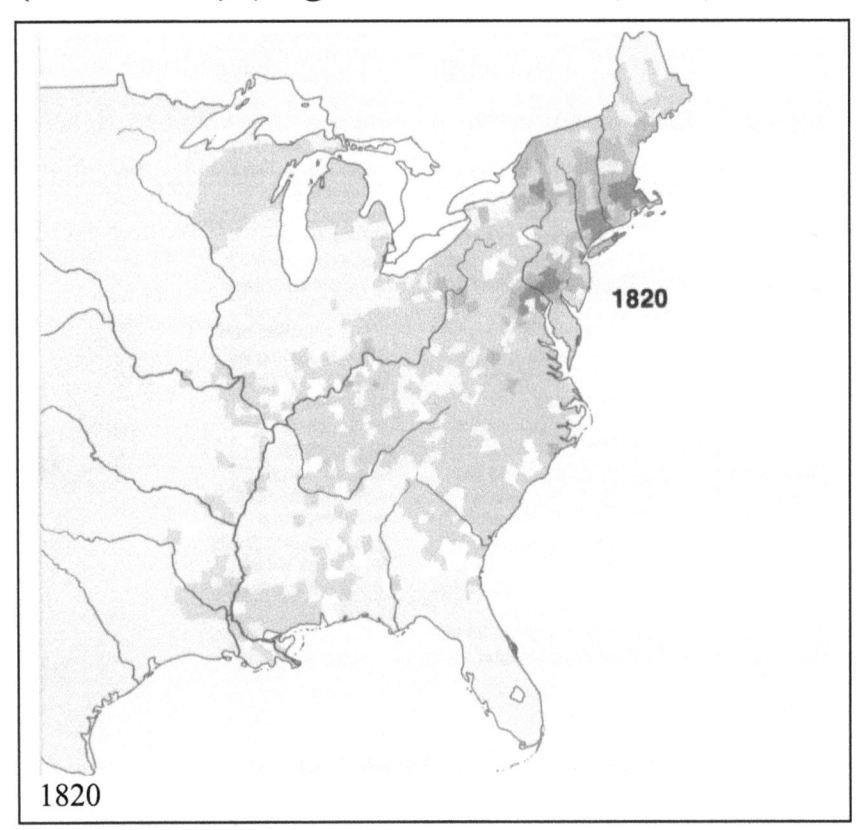

1820

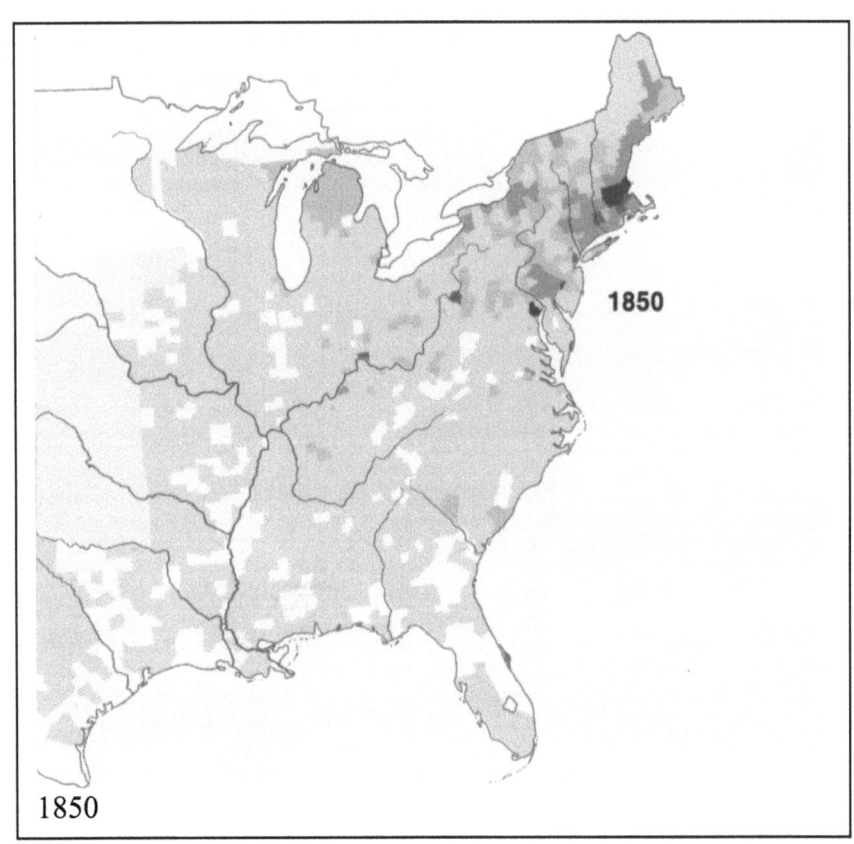

1850

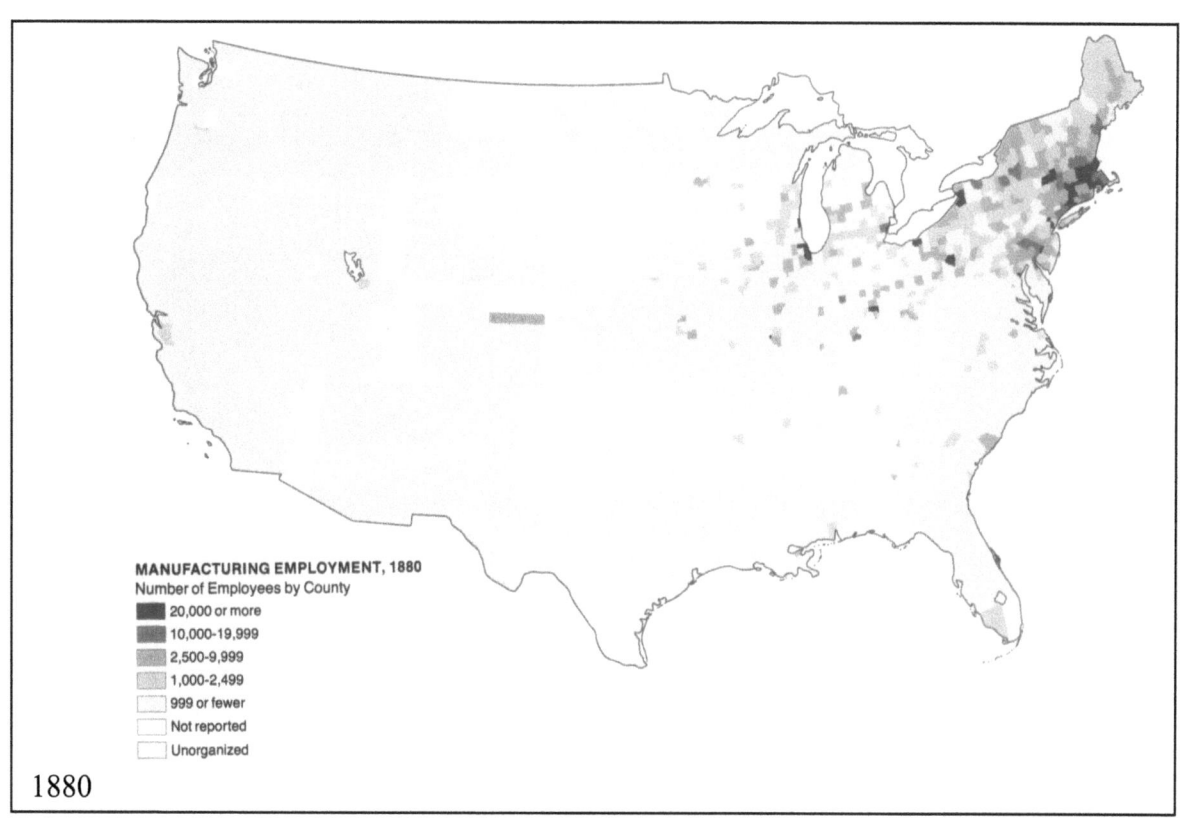

MANUFACTURING EMPLOYMENT, 1880
Number of Employees by County

- 20,000 or more
- 10,000-19,999
- 2,500-9,999
- 1,000-2,499
- 999 or fewer
- Not reported
- Unorganized

1880

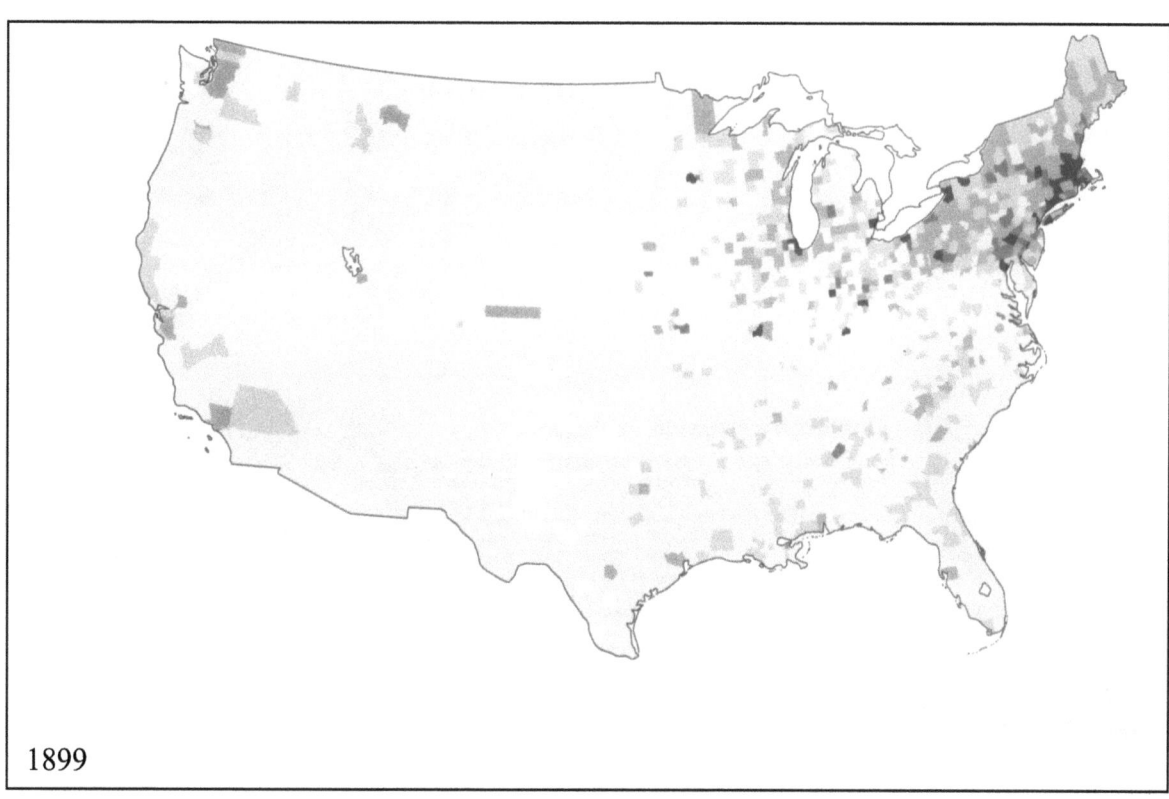

1899

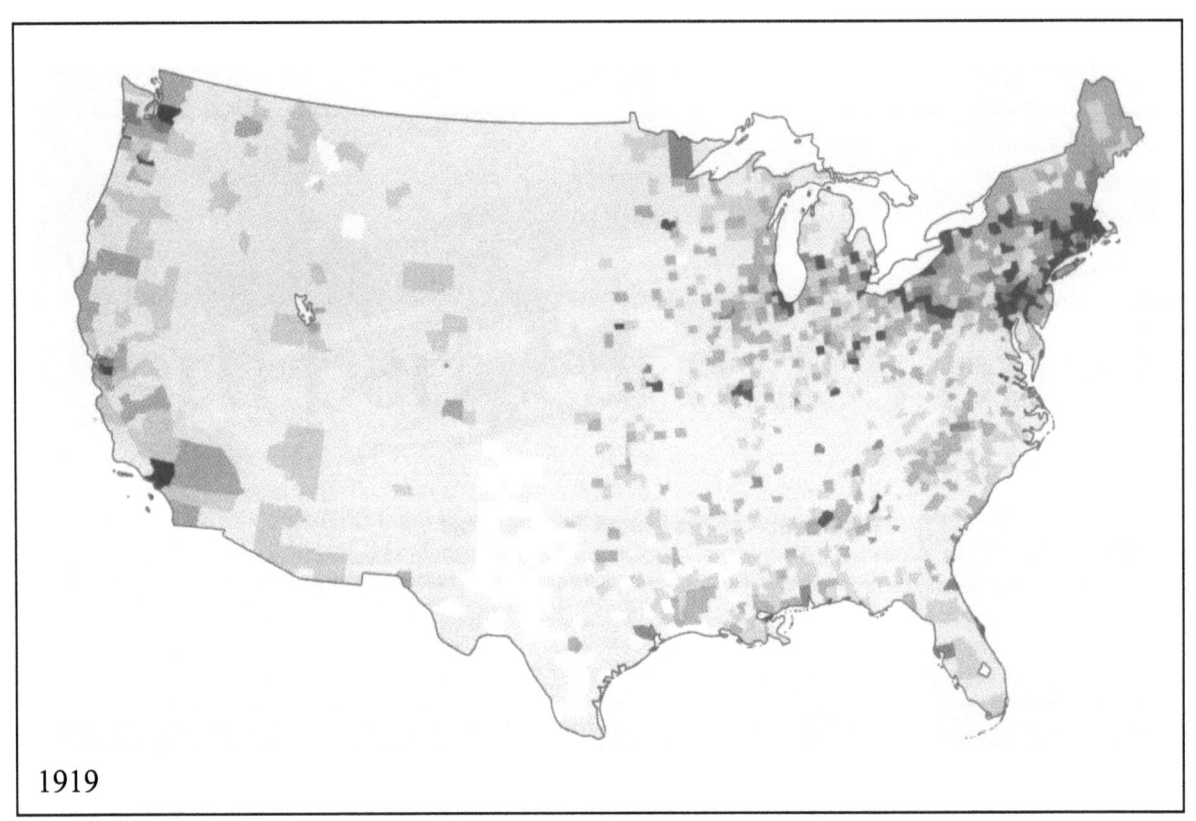

1919

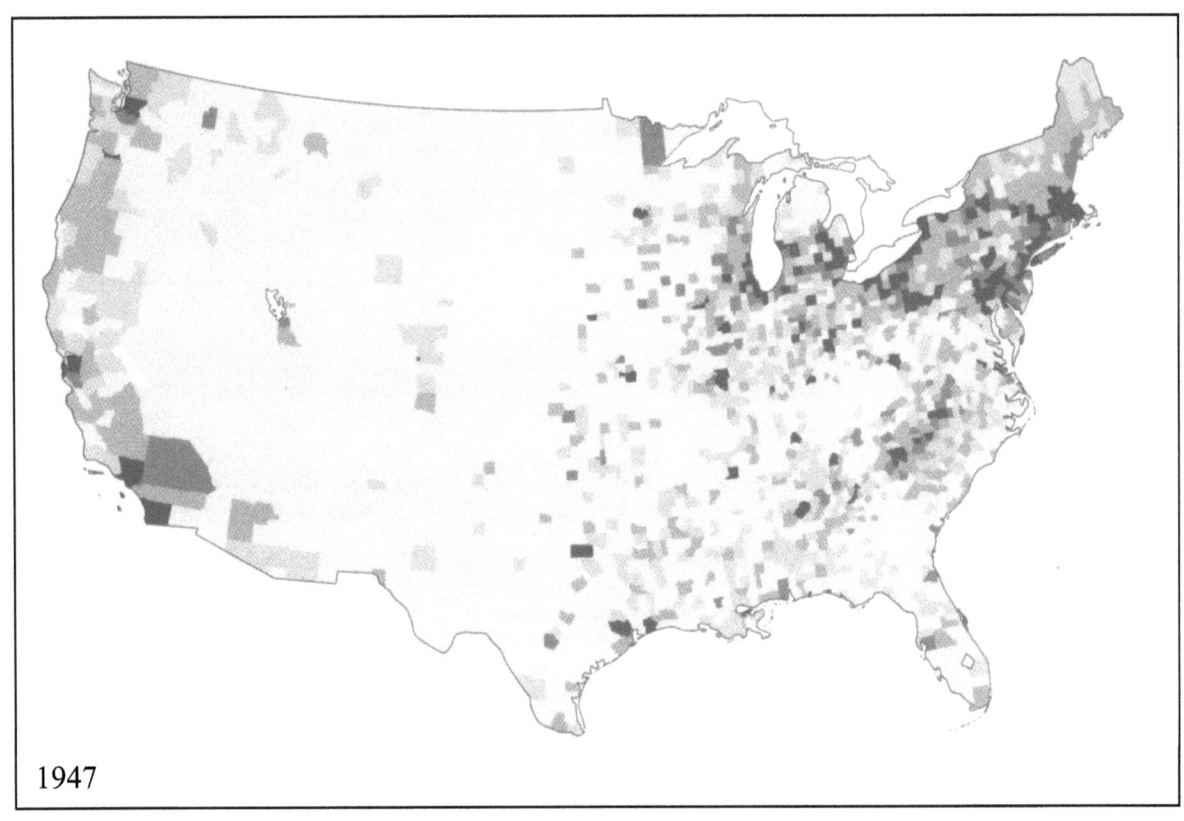

1947

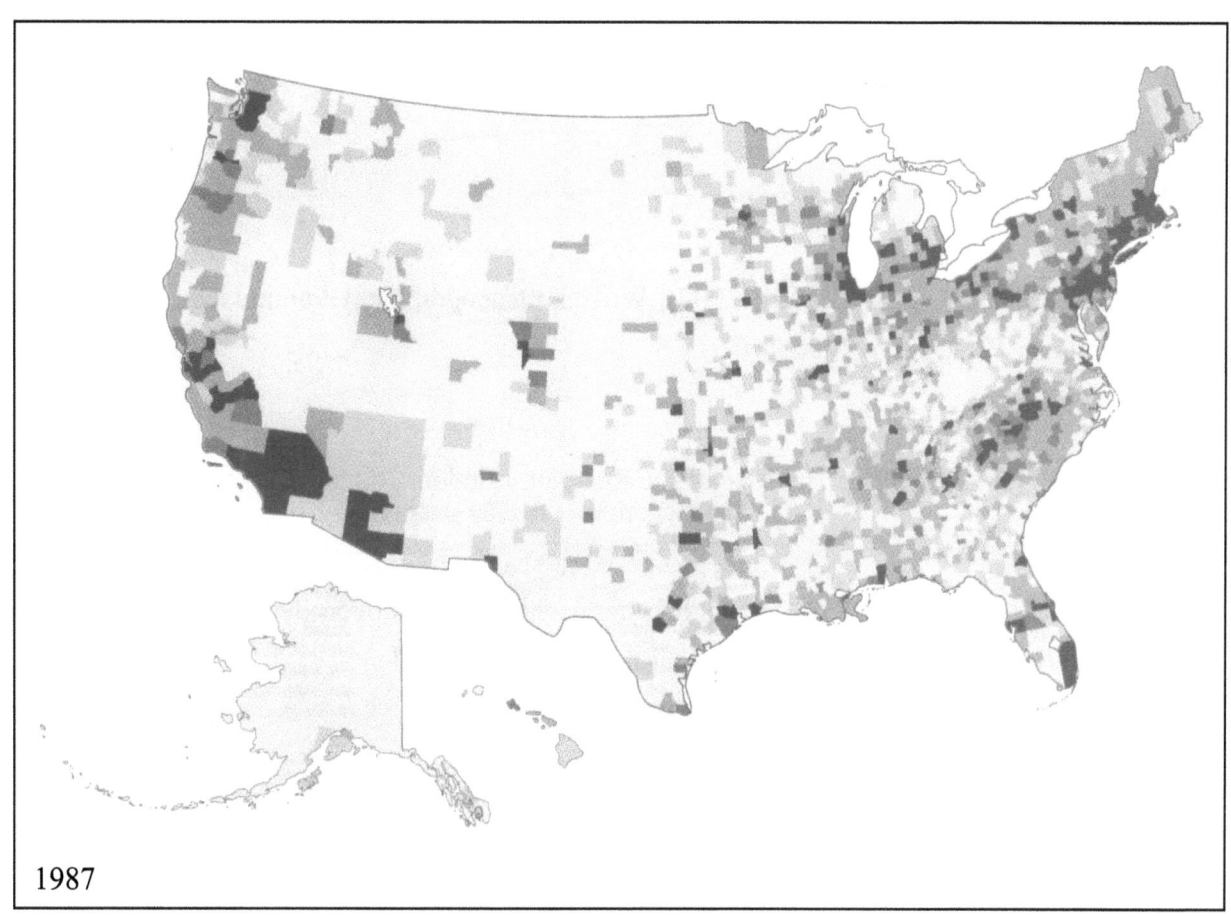

1987

Quelle des Anhanges: GARRETT 1988: S. 156-163

5. Literaturverzeichnis

5.1 Literatur

BATHELT, H. & J. GLÜCKLER (2002): Wirtschaftsgeographie. Ökonomische Beziehungen in räumlicher Perspektive. Stuttgart. 319 S.

COOKE, P. [Hrsg.] (1995): The Rise of the Rustbelt. London. 262 S.

DIEZ, J. R. (1997): NAFTA- Regionalökonomische Auswirkungen der nordamerikanischen Freihandelszone. In: Geographische Rundschau 49. S. 688- 694.

GARRETT, W. E. [Hrsg.] (1988): Historical atlas of the United States: 1888 – 1988. Washington. 289 S.

HAHN, R. (1997): Die US- Wirtschaft im globalen Wettbewerb: Trends und regionale Auswirkungen. In: Geographische Rundschau 49. S. 696- 701.

KRUMME, G. (1991): Die japanische Automobilindustrie in den USA. In: Praxis Geographie 10/91. S. 23- 27.

KUMMERLE, U. (1990): Neue Entwicklungen in der Industrie der USA. In: Geographie und Schule 68. S. 2- 9.

MANN, E. (1987): Taking on General Motors- A Case Study Of The Campaign To Keep GM Van Nuys Open. Los Angeles. 408 S.

MULLER, E. K. (1988): Historical Aspects of Regional Structural Change in the Pittsburgh Region. In: HESSE, J. [Hrsg.] (1988): Die Erneuerung alter Industrieregionen. S.17- 48. Baden- Baden. 599 S.

NUHN, H. (1989): Technologische Innovation und industrielle Entwicklung: Silicon Valley-Modell zukünftiger Regionalentwicklung?. In: geographische Rundschau 41. S. 258- 264.

POPP, K. (1987) A: Silicon Valley- Zentrum der Mikroelektronischen Industrie. In: Geographie und Schule 49. S. 22- 32.

POPP, K. (1987) B: Standortfaktoren und Standorte der Mikroelektronischen Industrie. In: Geographie und Schule 49. S. 2- 8.

POPP, K. (1991): Der Wandel in der Wirtschaftsstruktur der Westküste der USA unter dem Einfluss des nordpazifischen Raumes. In: Geographie und Schule 70. S. 9- 14.

RIENECKER, P. 2005: Die Besiedlungsgeschichte Nordamerikas. Mündlich 29.11.2005. Berlin.

SCHÄTZL, L. (Hrsg.) (2001): Wirtschaftsgeographie 1. Theorie. Paderborn. 279 S.

SCHNEIDER-SLIWA, R. (2005): USA: Geographie - Geschichte - Wirtschaft – Politik. Darmstadt. 266 S.

SCHÜTT, B. (2005): Landeskunde Nordamerikas. Mündlich 29.11.2005. Berlin.

STERNBERG, R. (1997): Weltwirtschaftlicher Strukturwandel und Globalisierung. In: Geographische Rundschau 49. S. 680- 687.

WESTERMANN (2005): Diercke Weltatlas. Braunschweig. 216 S.

ZIMMER, D. (1997): Der Manufacturing Belt in den USA. In: Praxis Geographie 4/97. S. 8- 12.

5.2 Internetquellen

AMERIKA-LIVE (o. A.): Nordamerika. http://www.amerika-live.de/Navigation/Nordnavi/ untitled.htm (23.12.2005).

BAUER, I. (2005): Unterseminar Kulturgeographie: Wirtschaftsgeographie. http://www.geographie.uni-erlangen.de/ibauer/Unterseminarskripten%2005-06 /Wirtschaftsgeographie%20Skript.pdf. (28.12.2005).

CIA (2005): The World Factbook. http://www.cia.gov/cia/publications/factbook/index.html. (28.12.2006).

E-GLOBALISIERUNG (o. A.): Hohe Transportgeschwindigkeit - Niedrige Transportkosten. http://www.e-globalisierung.org/kapitel1/5/. (02.01.2006).

FÖLL, H. (2005): Geschichte des Stahls. http://www.tf.uni-kiel.de/matwis/amat /mw1_ge/kap_4/advanced/t4_1_1.html. (28.12.2005).

FORD (o. A.): History. http://www.ford.com/en/heritage/history/default.htm?source=rt&re ferrer=company_default. (29.12.2005).

GIBSON, C. (1998): Population of the 100 largest Cities and other urban places in The United States: 1790 to 1990. http://www.census.gov/population/www/documentation/twps0027.html. (03.01.2006).

KLEPPER, S. (2001): The Evolution of the U.S. Automobile Industry and Detroit as its Capital.   http://www.wiwi.tu-freiberg.de/wipol/pdffiles/mardyn/klepper_2001.pdf. (18.12.2005)

MESCHENMOSER, H. (2003): Vom Dampfwagen zum PKW. http://www.bics.be.schule.de /son/verkehr/kfz/chronolo/. (03.01.2006).

PRANTER, C. (2002): Automobilbau. http://www.planet-wissen.de/pw/Artikel ACBD7A9C6C00637EE034080009B14B8F.html. (03.01.2006).

REA, K.J. (2003): Lecture 12: The Primary Sector since World War II. http://www.chass.utoronto.ca/~echist/lec12.htm. (29.12.2005).

RAIFFEISEN (o. A.): Sekundärer Sektor. http://www.raiffeisen.ch/lexikon/sekund-d.htm. (03.01.2006).

TI (o. A.): History of Innovation. http://www.ti.com/corp/docs/company/history/interactivetimeline.shtml. (02.01.2006).

USCIS (2003): Yearbook of Immigration Statistics. http://uscis.gov/graphics/shared/statistics/data/index.htm. (28.12.2005).